神奇的科学课

蓝色的海洋

赛文诺亚 主编

北方妇女儿童出版社

·长春·

图书在版编目（ＣＩＰ）数据

蓝色的海洋 / 赛文诺亚主编. -- 长春 : 北方妇女
儿童出版社, 2023.8（2024.7重印）
（神奇的科学课）
ISBN 978-7-5585-7051-3

Ⅰ.①蓝… Ⅱ.①赛… Ⅲ.①海洋—儿童读物 Ⅳ.
①P7-49

中国版本图书馆CIP数据核字(2022)第211693号

神奇的科学课：蓝色的海洋
SHENQI DE KEXUEKE LANSE DE HAIYANG

出 版 人　师晓晖
策 划 人　陶　然
责任编辑　左振鑫

开　　本　889mm×1194mm　1/16
印　　张　2
字　　数　50千字

版　　次　2023年8月第1版
印　　次　2024年7月第2次印刷
印　　刷　山东博雅彩印有限公司

出　　版　北方妇女儿童出版社
发　　行　北方妇女儿童出版社
地　　址　长春市福祉大路5788号
电　　话　总编办：0431-81629600
　　　　　发行科：0431-81629633

定　　价　42.80元

海底不仅有可怕的火山，还有景象奇异的热泉；海洋覆盖的地壳下面，蕴含着丰富的石油资源；密密麻麻分布在海洋里的海藻，形成了茂密的水下森林；海洋既有小个儿的浮游生物，又有大个儿的鲸、鲨等动物。《蓝色的海洋》将浩瀚无际的海洋进行了全面、科学的解剖，从而带给你一个生动、难以想象的世界。让我们一起来一次奇特的旅行吧！

潮池 中的生物

退潮后，海滩上会因为表面不平而形成大大小小积水的小池子，这些小池子被称为"潮池"。这些小池子深浅不一，而越深的潮池里，生物就越丰富。退潮后的海岸是动物觅食的好地方，这时的海边就变得热闹异常。

弹涂鱼的肌肉发达，能够跳出水面运动。

弹涂鱼

海葵一般都紧紧附着在石头上。当潮水上涨时，它们的触手就会从身体里伸出来，捕捉小虾、小蟹。

潮池中的鱼

海葵

螃蟹

螃蟹把大部分时间花在寻找食物上，小鱼虾是它们的最爱。有些螃蟹也吃海藻、动物尸体。

潮池中的藻类有着枝条状的坚韧的叶子，在阳光的照射与光合作用下，它们释放出供其他动物呼吸的氧气。贝类一般不会将自己埋在泥里，而是紧紧地附着在礁石上捕食猎物。此外，还有海星、海葵，等等。海星将它们的胃翻出来吞食猎物，海葵则用舞动的触手刺杀猎物。

⭐ **让你惊奇的事实：**

寄居蟹虽被称为蟹，但却没有自己的壳，只能借用其他软体动物的壳来保护自己柔软的身体。曾经有人发现寄居蟹用椰子壳当巢。

海星的腕非常有力，能击碎贝壳。它的腕下长着许多很小的吸盘，是用来行走和吸附在贝壳上的工具。

海星

知识连连看

● **海螺**

海螺的壳呈螺旋状，是贝类的一种。它们的"舌头"很厉害，可以把海藻从礁石上"割"下来，还可以猎捕其他动物。

寄居蟹

3

浅海生活的 **生物**

在海洋中，物产最丰富的部分是靠近大陆架的沿岸海域。这里光照充足，在海面漂浮着大量名叫浮游生物的细小植物和动物，它们让海水显得非常绿。浮游生物是虾和小型鱼类的美食，而更大的动物如座头鲸、鲨鱼、金枪鱼等，又以这些鱼、虾为食。此外，这个沿岸王国里还生活着各种水母、鱿鱼以及在海底活动的蟹和虾等甲壳动物。所以沿海地区的捕捞业十分发达。全世界海产鱼类的90%都来自这一地区。

花鳍海猪鱼长约25厘米，可以食用。雌鱼是红色的，有些长大后会变成雄鱼。

海鲫长有小齿，体长一般16~23厘米。通常在腹中孵化鱼卵，然后将孵出的小鱼由尾部排入大海。

条纹豆娘鱼体长约15厘米，它们总是成群结队地活动。

花鳍海猪鱼

海鲫

条纹豆娘鱼

条石鲷

海萝藻

条石鲷体长约50厘米，它的肉可以吃，非常美味。

海萝藻中间是空心的，长3~8厘米，可以食用。

凶狠的鲨鱼

大部分鲨鱼生活在沿海，它们的牙齿锋利，捕食方法各有不同。长尾鲨用自己长而卷曲的尾巴拍打鱼群，乘机捕食被打散的鱼；大白鲨以海豚和海豹等海洋哺乳动物为食，它们常尾随猎物，瞅准时机给予其致命的一击。

蝎子鱼体长约30厘米，它们通常栖息在水深大约100米的地方。它们的体色会随海水深度的变化而变化。

豹纹多纪鲀体长约30厘米，有剧毒。

蝎子鱼

豹纹多纪鲀

褐藻

丝背细鳞鲀

丝背细鳞鲀体长约为20厘米，身体一侧的花纹能随着环境和情绪的变化而变化。

褐藻长达2米，最大的特征是有两根茎。大量繁殖时，能形成海洋森林或藻海，吸引大量海洋生物汇集。

⭐ 让你惊奇的事实：

少数几种危险的鲨鱼，如虎鲨、牛鲨等有时也捕食比它们大的动物，甚至可能袭击人类。

珊瑚礁上的生物

珊瑚是海洋中有生命的腔肠动物，通常人们称它为珊瑚虫，全世界大概有上万种。大部分珊瑚生长在温暖的热带、亚热带浅水海域。它们都有各自的颜色和形状，有的像蕨类、鹿角、蘑菇，有的甚至像人脑。

珊瑚虫很小，只有一粒米大小，体内还生活着一种微藻，它们通过光合作用为珊瑚虫提供食物。

许多珊瑚虫柔软、呈管状的外壁能够分泌出石灰质，制造坚硬的外骨骼。珊瑚虫死后，新的珊瑚虫就会在它的上面生长，历经千年，繁衍生息，它们的尸体逐渐形成今天我们所看到的珊瑚礁。

角质珊瑚

角质珊瑚呈带状或分支状，长度可达3米。角质珊瑚包括红珊瑚、玫瑰珊瑚等，可以做首饰。

麋角珊瑚虫

麋角珊瑚虫的外骨骼融合在一起，形成宽大的珊瑚。

知识连连看

● 珊瑚礁

大部分珊瑚礁都形成在温暖的浅水区，它们是各种珊瑚虫、海绵、鱼类、甲壳类动物以及其他生物的家。

● 漂白的珊瑚虫

如果珊瑚虫失去它的共生伙伴微藻，就会像被"漂白"了一样褪色，变得虚弱，甚至迅速死亡。

★ 让你惊奇的事实：

珊瑚礁可以长得非常大，如澳大利亚的大堡礁，长近2000千米，最宽可达150千米，是地球上由生物建造的最大建筑物。

桶状海绵

桶状海绵身体呈粉红色，它们的外表十分坚硬。

粉带珊瑚身体柔软，生活在珊瑚礁的底部，它们不能制造石灰质骨骼。

数以千万计的珊瑚虫像波浪一样排列，形成了脑珊瑚上弯曲的隆起。

粉带珊瑚

脑珊瑚

海藻丛林

海藻是生长在海洋中的藻类，为海洋动物提供了大量的食物。海藻生长在岩石之间，密密麻麻地分布在海洋中，形成茂密的水下森林。即使是巨型的海藻，它们的梗儿也是柔软的，可以弯曲，能随着海水不停地摆动。在海藻中间，成群的鱼儿穿梭游动着，啃食海藻和其他藻类，或者啄食海藻间的浮游生物。

由于巨藻没有根，所以它们只能生长在有岩石的水域，底部紧紧地附着在岩石上。

海獭

岩石海底

知识连连看

⭐ 让你惊奇的事实：

在露天挂一根海带，可以预测天气状况。如果海带受潮涨开，说明天要下雨；如果海带变干收缩，说明太阳就要出来了。

● 海藻的生长

海藻是利用光合作用生长的，所以它们拼命向水面生长。有些海藻一天就可长50厘米，并最终长到35米甚至更高，比一座13层的楼房还要高。海藻的叶片上有很多充满气体的囊，它们就像救生圈一样，使叶片漂浮在阳光充足的海面。

海带

海带生长在低温海水中，为大叶藻科植物，形态柔韧似带。

海星属于棘皮动物，体扁，呈星形，通常有5个腕。

海星

巨藻

巨藻看似坚固，但是没有根。一场大风暴就可以把它们连根拔起，甚至整片海藻丛林都被摧毁。

逆戟鲸又称虎鲸，图为它们捕食生活在海藻间的海獭和鱼。

逆戟鲸

海底草原

碧绿清澈的海底生长着一片片翠绿茂盛的海草，形成了海底草原。海草像陆上的植物一样，没有阳光就不能生存。所以大部分海草只能生活在海边及水深几十米以内的海底。

海草是海洋动物的食物。有些海洋动物是食草的，有些则靠吃食草动物来维持生命。所以，海洋中的动物几乎都要靠海草来维生。海底草原是许多鱼类和其他动物的天然港湾。海草草床中生活着丰富的浮游生物，个别种类的海草还是濒危保护动物儒艮的食物。

⭐ **让你惊奇的事实：**

有的海草很小，要用显微镜放大几十倍、几百倍才能看见。它们由单细胞或一串细胞构成，长着不同颜色的枝叶，靠着枝叶在水中漂浮。

雌海龟通常每4年上岸一次，在海滩上产卵。

海龟

卵叶盐藻是一种海草，涨潮的时候整株没入水中，随海浪漂动；退潮的时候可以在水中的沙地上看到它的根和茎。

卵叶盐藻

扇贝

扇贝又叫海扇，贝壳多呈圆盘或者圆扇形，壳顶前方有耳，一般栖息于浅海，以浮游藻类为食物。

儒艮

儒艮属于濒危物种，它是海牛的亲戚，与海牛一样都是草食性动物。

泥蟹

泥蟹一般生活于河口或内陆海的泥滩。

知识连连看

● 海菖蒲

海南岛沿海常见的海菖蒲，是海草中唯一仍保持空气传粉的种类，其分布的水深只在1米以内。

● 海草的用途

在我国北方，沿海渔民常用海草作为铺设屋顶的材料。海草具有抗腐蚀、耐用和保暖的特点。

物种繁多的光照带

　　光照带是指海面以下200米以内的水域。生活在光照带的物种繁多，其秘密就在于阳光。这里生活着一种浮游植物，它们利用阳光合成养分自给，这些太阳能食物工厂是整个海洋食物网的基础。漂浮在水中的小动物先吃掉浮游植物，随后自身又成了其他动物的美食。鲨鱼和其他大型海洋动物也在此觅食，而且吃不完的食物也绝不会浪费。它们的"残羹剩饭"会沉到下一层海洋，喂饱生活在那里的动物。

❶　海豚是一种本领超群、聪明伶俐的海洋哺乳动物。

❷　飞鱼跃出水面来躲避天敌。它们利用宽大的腹鳍在空中滑翔，然后落回水中。

❸　海龟与陆龟不同，头和四肢不能缩回壳内。它的前肢主要用来推动身体向前游动，后肢用来控制方向。

知识连连看

● 海洋哺乳动物

　　鲸需要浮出水面呼吸，这是因为它们是哺乳动物，用肺呼吸。抹香鲸憋气的时间最长，它能一直待在水下长达两个多小时。

⭐ **让你惊奇的事实：**

　　飞鱼能"飞"。飞鱼有时会在急速前进的时候跃出水面，它们能够借助翅膀状的鳍在空中滑翔30秒之久。

❽ 僧帽水母漂浮在大海里，人们不小心被它蜇到了会感到疼痛难忍。

❾ 虾生活在浅海，不时游到海水的上、中层，捕食浮游生物。

❹ 鳕鱼是全世界年捕捞量最大的鱼类之一，具有重要的经济价值。

❺ 抹香鲸是世界上最大的齿鲸。它在所有鲸类中潜得最深最久。

❻ 鳕鱼是一种很常见的可食用鱼类，出没于西太平洋和大西洋的海岸附近。

❼ 鲨鱼是海洋中的杀手，在海水中对气味特别敏感，尤其是血腥味。

海洋的中层——暮色带

　　从海面以下200米深一直延伸到1000米深，是海洋的中层，来自海面的光线穿过光照带进入这里，会变得非常微弱，使海水呈现一片黑蓝色，因此中层带有时也被叫作"暮色带"或者"中水带"。从这一层开始，我们能够看到一些可以发射闪烁光线的生物和许多相貌奇特的鱼类。

❶ 鲑鱼是非常凶猛的鱼类，对食物非常小心，以活鱼、虾为食。

❷ 灯笼鱼的大眼睛让它们能够在昏暗的水域中看清物体。

❸ 章鱼有8只附有吸盘的触手，有利于捕捉猎物。体内的漏斗可以喷出强劲的水，以便推动它前进。

❹ 枪乌贼白天多活动于中下层，夜间常上升至中上层猎食。身体呈流线形，游泳速度非常快。

知识连连看

● 海水温差发电

海洋上中下层水的温度的差异，蕴藏着一定的能量，叫作海水温差能，或称海洋热能。利用海水温差能可以发电，这种发电方式叫海水温差发电。

● 垂直游动的鱼

皇帝鱼很漂亮，长长的脊背上长着醒目的红色鳍。它们游泳的动作很奇怪，过去人们一直认为它们是平行游动的，后来才发现它们的游动方式是垂直游动。

★ 让你惊奇的事实：

游速最快的两种鱼——旗鱼和剑鱼，它们的游速非常惊人，达每小时一百多千米，几乎和汽车的速度一样快。

5 座头鲸是一种具有社会性的动物，性情十分温驯可亲，成体之间也常以相互触摸来表达感情，颇受摄影师的钟爱。

6 剑鱼体长可达5米，长而尖的吻部约占鱼全长的1/3。它们以乌贼和其他鱼类为食，游速可达每小时100千米。

7 斧鱼有一种特殊的发光器，这种发光器不仅可以判断其他生物的生命迹象，还可以用来引诱猎物。

5

7

黑暗的 深海海底

　　深海是深度在1000米以上的水域，是地球上最广阔、最具代表性的生物圈。深海是一个没有光的世界，终年黑暗寒冷，阳光完全不能透入，盐度高，压力大，水生植物不能在这里生长。这里的动物种类和数量都非常贫乏，只有少量肉食性动物，并随海水深度增加而不断减少。尽管如此，终年黑暗的深海中却居住着海洋世界中最奇怪的动物，它们的身体柔软而黏着，巨大的嘴里长着弯曲的尖牙。这里的许多鱼都没有视觉，它们中的一些使用发光器官引诱猎物，其他的则依靠敏锐的触觉和嗅觉捕食。

长尾鳕生活在温带海洋中，尾巴又尖又长。长尾鳕有的会发光，有的会利用鳔上的肌肉发声。

鮟鱇

长尾鳕

深海鼬鱼体形很小，身体扁平，喜欢在夜间活动，平时以小鱼小虾为食。

深海鼬鱼

刺海蛇尾外形与海星相似，运动时像蛇一样，因此得名。

鲽鱼

深海鳗鱼

刺海蛇尾

知识连连看

● 黑鲑鱼的眼睛

雌的黑鲑鱼在年幼时，眼睛长在长长的柄上。长柄会随着其成长被吸收，当它变为成鱼时，眼睛也长在头上了。

⭐ 让你惊奇的事实：

雌性长杆角鮟鱇能长到120厘米，而可怜的雄鱼却只能长到16厘米左右。

吞噬鳗又叫作宽咽鱼。这种鳗鱼没有上颌，巨大的下颌松松垮垮地连在头部，从来合不上嘴。当它张开大嘴后，可以很轻松地吞下比自己还大的生物。

吞噬鳗

红口仿鲸的头部呈箱形，皮肤表面光滑。

红口仿鲸

三刺鲀因为背鳍和左右腹鳍各有一个大硬棘，所以叫作三刺鲀。三刺鲀的个头只有热狗那么大，它们依靠长尾和胸鳍在海底栖息。

三刺鲀

热带海洋生物

阳光穿透海面，洒在珊瑚礁岩区内，海水中闪耀着绚丽的色彩。海底的珊瑚、热带的鱼类都伴随着水波翩翩舞动。

热带海洋是最温暖的海域，位于地球的中间，赤道附近。

热带海域的水面温度通常高于20℃，海洋生物的数量最多。热带海底的鱼群通常有着鲜艳的体色和美丽的斑纹。成千上万的热带鱼在海底珊瑚中穿梭遨游，形成了一个美丽的海洋世界。

蝶鱼用它尖尖的嘴在珊瑚的缝隙间啄食，它的身上有一个像眼睛那样的大黑斑，是用来恐吓敌人的。

神仙鱼有着美丽的颜色，在珊瑚礁中过着群居生活，是海洋中颜色最丰富的居民之一。

小丑鱼是一种热带咸水鱼，与海葵有着密不可分的共生关系，也叫海葵鱼。带毒刺的海葵保护小丑鱼，小丑鱼则吃海葵消化后的残渣，它们是海洋中快乐的好搭档。

蝶鱼

神仙鱼

小丑鱼

知识连连看

● 海马

海马是热带海洋动物，样子很特别，长长的嘴让它的头看起来很像马，背部还有晃来晃去的鳍。实际上，它们属于鱼类，用鳃进行呼吸。

狮子鱼身上长有条纹和斑点，以及褶皱的鳍，这些都能帮助狮子鱼伪装自己。狮子鱼还有一件独门武器——向攻击者注射毒液，因此是一种非常危险的海洋生物。

狮子鱼

温带 海洋生物

温带海域介于寒带海域与热带海域之间，海水表面的平均温度约为10℃，凉爽宜人。而且温度随季节变化，夏天温暖，冬天寒冷。因此，许多生活在温带海洋中的动物，会随季节变化往来迁徙。其中大马哈鱼就是喜欢长途旅行的鱼，它们的一生都在南来北往中度过。它们在河流中被孵化出来，长大一点儿就开始游向大海。当它们要产卵时，又会不远千里游回自己的诞生地，在那儿产卵，繁殖后代。

温带海域是一片富饶的海域，人类所食用的大部分海洋鱼类都是在这片海域中捕获的。

温带海域阳光集中，生物光合作用强，入海河流带来丰富的营养盐类，因而浮游生物繁盛。这些浮游生物都是鱼类的绝佳饵料。

温带海洋里有许多人们常见的食用鱼，它们肉质鲜美，个头也都比较大，例如金枪鱼。

雌性大马哈鱼在河中产下卵，不久卵孵化为小鱼。小鱼经过6个星期会成为幼鱼。大约再过两年时间它们长成成鱼，就会成群结队地游向更宽广的大海。

金枪鱼

知识连连看

● 旗鱼

旗鱼是大型的洄游鱼，背部长着像帆一样的背鳍，体长2～3米。吻尖长，呈枪状。它们的身体尽管很大，但动作敏捷，能以极快的速度游很长的距离。

● 鲷鱼

鲷鱼的肉味鲜美，是一种极受欢迎的食用鱼。鲷鱼在深海中看起来就像暗灰色的水中散布着蓝点，但实际上它是近似红色的体色。4～6个月大的时候，它们会为了产卵游回到浅水中。

★ 让你惊奇的事实：

红鲷鱼实行"一夫多妻制"。如果作为一家之主的雄鲷鱼死了，"妻子"们会悲伤地在它的周围游动着。游着游着，其中一条体魄健壮的"妻子"就会由雌性变成雄性，成了新的"一家之主"。

旗鱼

鲷鱼

长鳍金枪鱼

明太鱼

21

极地海洋生物

极地海洋分布在地球的两端，那里常年受积雪的覆盖。世界上最冷的海域在北极，它是北冰洋的中心。很少有生物能够适应这里极度寒冷的环境，因此，这里的生物种类就少得多了，比如体形较大的睡鲨。而南极的海域包括了南极洲及附近的海洋，因为洋流的作用，海水不断上涌，海洋表层的海水就能够有规律地得到更新。

两极的海域虽被冰雪覆盖，却并非像人们想象得那样荒凉，有少数生物在这里生活。一些极地的鱼类血液不会冻结；而海象、鲸因有厚厚的脂肪，可以起到很好的保温作用。

极地的陆地上还生活着北极狐和北极熊等动物，它们不怕严寒，以鱼类和海豹为食，有时还到刺骨的海水里去捕鱼。

知识连连看

☀ 冰鱼

冰鱼的血液中没有红细胞，所以它们的血液是透明的。同其他极地动物一样，冰鱼的血液中有一种"防冻剂"，作用就如同汽车防冻剂能防止水箱结冰一样。

★ 让你惊奇的事实：

近年来，由于地球气候变暖，北极冰山出现大范围融化。如果北极融化，海平面将会大幅上升，淹没沿海陆地，北极熊也会"无家可归"。

海豹

海豹是哺乳动物，身体呈流线形，适合游泳。海豹大部分时间栖息在海中，脱毛、繁殖时才到陆地或冰块上生活。

磷虾主要生活在距南极洲不远的南大洋中。当它们集体活动时形成长、宽数百米的队伍，使得海水也为之变色。白天海面呈现一片褐色，夜里则出现一片荧光。

磷虾

北极熊

北极狐

逆戟鲸

在极地，逆戟鲸主要以海豹为食。它们会突然从冰面下钻出，冲出来捕食海豹。

23

浮游生物的世界

　　如果我们从大海或池塘中取一滴水，放在显微镜下观察，就会看到许多浮游生物。它们大都仅由一个细胞组成。如果再舀一桶水进行观察，还会注意到不少鱼类以吃小虾、鱼虫等生物为生，而小虾、鱼虫又以浮游生物为食。由此可见，浮游生物是食物链中的重要一环。

　　浮游生物广泛生活在海洋、湖泊及河川等水域中。由于自身移动能力差而浮在水中生活，这类生物总称为浮游生物。浮游生物是水域中其他生物的食物来源，由于它们分布广泛，繁殖能力强，还有可能成为未来世界的主要食源。

　　角甲藻多数为单细胞，海水和淡水中均有它们的踪迹。在光照和水温适宜时，角甲藻能在短时期内大量繁殖，是海洋动物的主要饵料之一。

　　梨甲藻广泛分布于热带、亚热带海洋，是可发光的藻类。

　　多刺角甲藻是海水中常见的藻类，身体主干部分长着很多刺角。

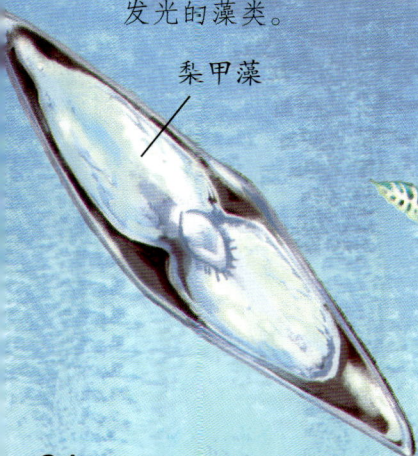

梨甲藻

多刺角甲藻

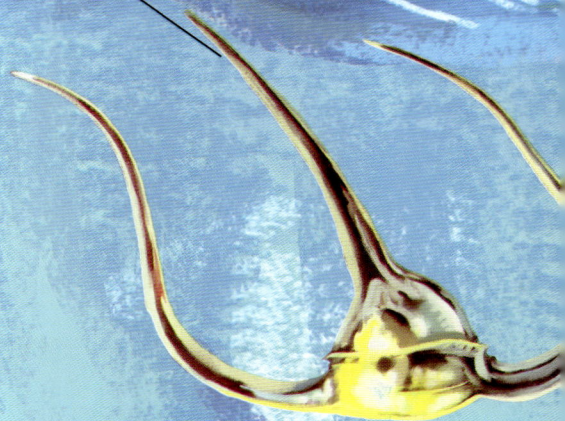

角甲藻

知识连连看

● 赤潮

赤潮是由海水中浮游生物暴发性繁殖引起的。那时水中营养物质过多，氧含量急剧降低，最终导致海水颜色异常，水体污染。赤潮不一定都是红色，也有可能是黄、绿、褐色等。

● 浮游生物的未来

专家预测，到2040年，全世界总人口将达到88亿人。那时全世界面临资源枯竭的威胁。人们不得不把目光转向海洋，也许浮游生物和海藻将成为人类的主食。

夜光藻具有发光能力，繁殖能力强，大量聚集时呈红色，曾在我国南海、长江口外海域多次引发赤潮。

桡足类是小型甲壳动物，体长小于3毫米，广泛分布于海洋、淡水或半咸水中。

★ 让你惊奇的事实：

浮游生物大都是小型的，但也有体长达到2～3米的，如水母等大型浮游生物。

夜光藻

桡足类

25